LES PONTS-ET-CHAUSSÉES

DANS LA GÉNÉRALITÉ DE ROUEN AVANT 1789

LES
PONTS-ET-CHAUSSÉES

DANS LA GÉNÉRALITÉ DE ROUEN AVANT 1789

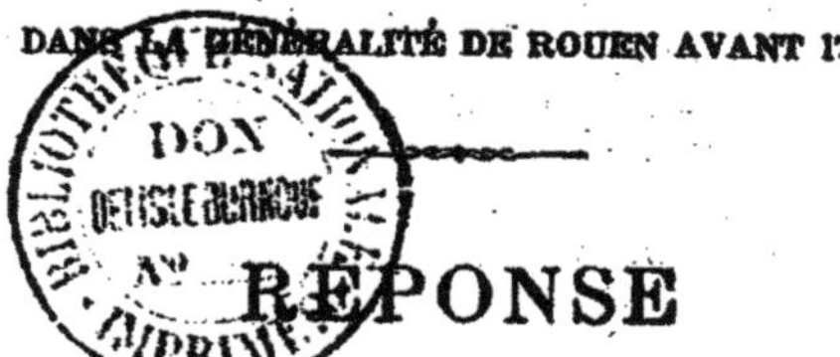

RÉPONSE

AU DISCOURS DE RÉCEPTION DE M. LECHALAS

PAR

M. CH. DE BEAUREPAIRE

PRÉSIDENT

ROUEN

IMPRIMERIE DE ESPÉRANCE CAGNIARD

rues Jeanne-Darc, 88, et des Basnage, 5

—

1883

LES PONTS-ET-CHAUSSÉES

DANS LA GÉNÉRALITÉ DE ROUEN AVANT 1789

RÉPONSE AU DISCOURS DE RÉCEPTION DE M. LECHALAS

par

M. CH. DE BEAUREPAIRE

Président

MONSIEUR,

Je ne suis pas éloigné de penser, avec vous, qu'il n'a pas été avantageux, pour la philosophie, que les mathématiciens aient cessé d'en faire l'objet de leurs méditations : les noms de Bacon, de Descartes, de Leibnitz, me reviennent en mémoire, et aussi celui de Malebranche, qui fit suivre sa *Recherche de la Vérité*, d'*Éclaircissemens sur la lumière et sur l'optique*. Encore moins puis-je être surpris de voir un homme comme vous, livré par profession à l'étude des sciences exactes, chercher une noble distraction dans la solution de questions d'esthétique. Le Père André n'avait-il pas professé, pendant près de quarante ans, les mathémathiques, et n'est-ce pas à lui que l'on doit cet *Essai sur le beau*, qui parut en 1763, et que l'on estime encore, témoin l'édition assez récente qui en a été donnée par M. Charma? Mais, Monsieur, comment oserais-je vous suivre sur le terrain où vous vous êtes placé, et que, sans doute, vous avez choisi parce qu'il vous était connu et que vous étiez assuré de ne point y faire de faux pas? Je n'ai aucune envie de vous contredire : je ne me sens pas l'esprit assez souple pour soutenir publiquement d'ingénieux paradoxes. Je ne veux pas non plus me permettre d'essayer de confirmer votre opinion par une démonstration différente de celle que vous avez donnée, de crainte qu'en m'écartant de vos arguments, et en usant d'autres termes, je n'en vinsse à compromettre les conclusions que vous avez tirées, ce qui tournerait, sinon à votre préjudice, du moins à ma honte. Permettez-moi donc de sortir d'un sujet qui ne me présente que de l'embarras, de quelque côté que je l'envisage, et, après avoir sincèrement applaudi au tact littéraire dont vous avez fait preuve, d'aborder un autre sujet où je me sentirai plus à l'aise, parce que j'ai sous la main des documents qui le concernent, documents peu connus, et qu'il ne s'agira pour moi que d'analyser. Je veux parler de ces travaux que vous entretenez, que vous continuez, avec tant de zèle et d'intelligence, et qui font l'objet de cette grande administration à laquelle vous appartenez. On sait ce qu'ils sont dans le présent, et combien ils contribuent à la richesse de ce pays. Mais on ne sait pas généralement comment ils ont commencé, ce qu'ils ont coûté d'efforts et de sacri-

fices : ce sont des œuvres anonymes dont tout le monde
jouit, sans s'informer ni de l'époque qui les vit naître,
ni des noms de ceux qui en conçurent le plan et qui en
surveillèrent l'exécution.

Si l'on demandait ce que le dernier siècle nous a
laissé de plus remarquable, de plus caractéristique en
fait de travaux publics, il faudrait, je crois, répondre
sans hésitation : — les grandes voies de communica-
tion, les ponts et les ports maritimes.

Au XVIe siècle, la voirie était encore ce qu'elle était
au moyen-âge, dans un temps où la centralisation n'était
qu'une espérance, où les ressources de l'Etat étaient
faibles, où des coutumes, du reste, assez mal observées,
parce qu'il n'y avait pas, à proprement parler, d'autorité administrative, mettaient l'entretien des ponts et des
routes à la charge des seigneurs péagistes et des proprié
taires riverains. Henri IV, le premier, conçut le projet
d'améliorer les chemins, et il est à croire que, s'il eût
vécu plus longtemps, secondé comme il l'était par Sully,
pour qui il avait créé la charge de grand-voyer du
royaume, il fût arrivé en peu d'années à une réforme
assez notable. Remarquons cependant que, dans une
aussi louable entreprise, le gouvernement eut contre
lui ceux-là même sur l'appui desquels il devait le plus
compter. Pour m'en tenir à un exemple qui nous touche
de près, les députés de notre province, dans leurs
assemblées, se montrèrent ouvertement opposés aux
dispositions qui prescrivaient l'élargissement des
chemins et l'abattage et l'élagage des arbres qui les
bordaient.

Il semble qu'un objet aussi important de l'administration n'eût pas dû être abandonné sous Louis XIII, surtout lorsque le ministère eut été confié à un homme du mérite de Richelieu. On pouvait d'autant plus l'espérer que, dans ce temps-là, on s'était pris d'une grande admiration pour les voies romaines, dont les restes étaient encore reconnaissables en beaucoup d'endroits. Après avoir imité les Romains dans leur littérature et dans leurs monuments, n'était-il pas à présumer qu'on songerait à les imiter aussi dans la confection des routes ?

C'est ce que demandait Bergier dans son *Histoire des grands chemins de l'Empire*, qui parut en 1622. En dédiant ses belles recherches à Louis XIII, il l'engageait « à employer, d'après l'exemple des anciens empereurs, la force et l'industrie de tant de ses pauvres subjects, perdus d'oisiveté, à un œuvre si nécessaire, œuvre qui, tant en guerre comme en paix, seroit très utile à l'advancement de ses affaires et au soulagement de son peuple. » « C'est icy, Sire, lui disait-il, un subject digne d'estre par vous reprins et remis sus en ce royaume. »

Il n'en fut rien pourtant. De longues guerres absorbèrent les deniers publics, non sans profit, il est vrai, pour l'unité du royaume et pour la protection de ses frontières.

« Enfin, sous Louis XIV, dit Voltaire, on commença les grands chemins que les autres nations ont imités. » Sous ce règne, en effet, de belles routes furent ouvertes, mais principalement aux environs de Paris et dans un rayon d'une assez faible étendue. Notre province n'en profita guère. A part un tronçon de route, qui ne dépassait pas le pied de la côte Sainte-Catherine, tous les chemins par lesquels on accédait à Rouen annonçaient plutôt une chétive bourgade qu'une des premières cités du royaume. Ce serait s'en faire une idée trop avantageuse que d'en juger par ce que sont présentement la rue d'Ernemont, la rue de la Maladrerie, le prolongement de la rue Saint-Gervais, dite encore la Cavée Saint-Gervais, et ce chemin abrupte qui aboutit au calvaire de Bonsecours.

Dès les premières années du règne de Louis XV, il semble que le gouvernement ait mis sa gloire à doter enfin la France de routes dignes de son agriculture, de son commerce, de sa civilisation.

Un arrêt du Conseil, du 3 mai 1720, porta la largeur des grandes routes à soixante pieds, sans compter les fossés, qui, de chaque côté, devaient avoir six pieds par le haut; à trente-six pieds, d'un fossé à l'autre, celle des grands chemins par lesquels passaient les coches, carrosses et messagers de ville à ville. On assujettisssait les propriétaires à planter des arbres à une toise du bord extérieur du fossé, de trente en trente pieds au plus de distance l'un de l'autre.

Ce fut là le point de départ d'un changement total dans la situation des grandes voies du royaume. En d'autres matières, le gouvernement varia; en celle-ci, il s'était fait un plan dont il poursuivit l'exécution, en dépit de tous les obstacles; et ce plan, il ne le modifia que pour le compléter ou l'améliorer.

« Chaque siècle, dit à ce propos le savant continuateur du *Traité de la police*, chaque siècle a ses avantages. Si le dernier a eu celui de mettre un bon ordre dans l'administration majeure de la police des grands chemins, il était réservé au nôtre de la perfectionner, de la mettre en pratique et d'en faire goûter le fruit à un grand peuple : le règne de Louis XV devait avoir la gloire de remplir la France de chemins pavés. »

C'est la même pensée qu'exprime, sur le ton de l'enthousiasme, Gudin, dans son livre intitulé : *Aux Mânes de Louis XV.*

« Les chemins qui conduisent des extrémités de la France à la capitale surpassent en beauté ceux de l'ancienne Rome. Ce double rang d'arbres qui les borde de chaque côté offre à la fois au voyageur un spectacle magnifique et un abri agréable contre les rayons du soleil. C'est ce qu'on ne trouve dans aucun pays. Ces arbres ne sont point une vaine décoration. C'est une forêt dont les longues allées s'étendent du centre du royaume à ses confins, en embrassant toute l'étendue et doivent la préserver de la crainte que l'on eut de manquer de bois. Du moins, ce fut le projet, et s'il n'est point encore exécuté, si ces allées ne s'étendent encore qu'à vingt ou trente lieues de la capitale et ne donnent encore à cette forêt immense qu'un diamètre de soixante lieues, ce projet, qui réunit tant de beauté à tant d'utilité, n'est plus de ceux qu'on oublie, comme il n'est pas de ceux qu'on exécute en peu d'années. Que de soins, de peines et de dépenses n'ont point exigé ces longues routes qui traversent la France ! (1) ».

Le marquis de Mirabeau et Voltaire avaient critiqué cette largeur de soixante pieds assignée aux grandes routes par l'arrêt de 1720. Le développement que l'on donna aux travaux de voirie fit sentir au gouvernement ce que cette largeur avait, en effet, d'exagéré et de contraire aux intérêts de l'agriculture. Un arrêt du Conseil du 6 février 1776 distingua en quatre classes les routes construites et à construire par ordre du roi. La première classe comprenait les grandes routes qui traversaient la totalité du royaume ou qui conduisaient de Paris dans les principaux ports et entrepôts de commerce. La largeur de ces routes fut fixée à quarante-deux pieds. Pour les autres classes, elle fut réduite à trente-six, à trente et à vingt-quatre pieds. Antérieurement à Louis XV, cette dernière largeur était, en Normandie, celle de tous les chemins dits *royaux*, si l'on en excepte ceux qui traversaient les forêts et auxquels on réservait généralement le nom de *routes*. Ceux-là seuls avaient soixante pieds de largeur.

Il est aisé de juger, par notre pays, de l'importance que prirent, à cette époque, les travaux de voirie. C'est aux règnes de Louis XV et Louis XVI qu'il faut rapporter les deux routes de Paris à Dieppe, celles de Paris au Havre, de Paris à Caen, de Paris en Bretagne par Nonancourt; celle d'Amiens en Basse-Normandie; de

(1) C'est à peu près dans les mêmes termes que s'exprime Ch. Villette. *Lettres choisies sur les principaux événements de la Révolution*, 1792, p. 328.

Rouen à Orléans par Evreux; de Rouen à Dunkerque par Neufchâtel; de Rouen à Beauvais par Gournay; de Picardie en Basse-Normandie par Vernon; de Rouen à Caen par Pont-Audemer. Je ne cite que les principales. On ouvrit, en outre, vingt-quatre routes moins importantes, destinées aux communications de ville à ville dans l'intérieur de la Généralité.

La route de Rouen au Havre, par Yvetot, ne date que du milieu du dernier siècle. Elle procura au pays de Caux les débouchés nécessaires à son commerce, et d'un misérable bourg comme l'était Yvetot, malgré ses priviléges, elle fit, en peu de temps, une ville de quelque importance.

En 1752, on ouvrit le chemin de Rouen par la montagne de Bonsecours.

La route de Rouen, au-delà de la place Beauvoisine, est de 1764.

L'avenue du Mont-Riboudet n'est que de 1765. Jusque-là il fallait que coches et messageries gravissent la côte rapide et dangereuse du Mont-aux-Malades, qui n'avait été aplanie, entre la place Saint-Gervais et le *raidillon*, que peu d'années auparavant.

La route de Rouen à Paris, par Magny, dite la route d'en haut, plus courte que celle d'en bas, était encore inachevée en 1768. Cette année, on voit qu'on travailla très activement à la côte de Fleury.

La route de Rouen à Pont-Audemer fut ouverte, au-delà de Saint-Sever, près des Chartreux, en 1773.

A vrai dire, il y a tout lieu de s'étonner que des routes aussi utiles se fussent fait attendre si longtemps.

L'étonnement redouble quand on constate qu'aucune partie de notre région ne se trouvait dans des conditions plus satisfaisantes. Ce qui n'est pas moins à remarquer, c'est que la Généralité de Rouen, pendant de longues années, était restée en arrière sous le rapport de la voirie, sur toutes les Généralités du royaume. En voici, comme preuve, un passage d'une lettre adressée par Trudaine, directeur général des ponts-et-chaussées, à l'Intendant, le 5 avril 1769 : « Je remarque que votre province, qui a le plus besoin de chemins par la qualité de son sol gras et par la multiplicité de ses productions, est de toutes la moins avancée. »

Mais, dix ans après, le progrès est sensible. Le successeur de Trudaine, dans sa réponse au rapport de l'ingénieur en chef, le constate en ces termes : « Cette Généralité doit commencer à se ressentir de l'utilité de nouvelles communications. Je vois qu'elle commence à être bien ouverte dans toutes les parties, et elle en retirera sûrement de très grands avantages. »

En 1778, on comptait déjà, dans cette circonscription, 151 lieues de chaussées qu'il ne s'agissait plus que d'entretenir. Le nombre s'en éleva à 205 en 1781. En 1788, d'après l'état dressé par l'ingénieur Lamandé, le développement des routes faites ou à faire dans la Généralité était de 738,950 toises, sur lesquelles il y en avait 368,378 classées à l'entretien simple ; 58,648 qui étaient, à peu de chose près, en état ; 15,496 qui étaient ouvertes, mais sans chaussées. Il restait à faire 296,428 toises, dont la dépense était évaluée à 6,542,738 livres.

Il s'en fallait, sans doute, de beaucoup que l'œuvre,

telle qu'elle avait été conçue, touchât à sa fin. Mais ce qu'on avait fait était déjà presque merveilleux, et rien de ce qu'offrait le passé n'aurait pu, assurément, en donner l'idée. On était arrivé à ce résultat au moyen d'un personnel qu'il avait fallu former, et qui se distinguait, par ses connaissances techniques, de celui que l'on avait précédemment employé. Une école des ponts-et-chaussées avait été créée en 1747.

Antérieurement, on choisissait les ingénieurs parmi les architectes qui avaient eu l'occasion de faire preuve de talent dans la pratique des constructions, quel que fût le genre d'instruction qu'ils eussent reçu. Un jacobin, le frère Romain, fut l'ingénieur le plus estimé de Colbert, et celui qui fut chargé des travaux les plus importants pendant une bonne partie du règne de Louis XIV. Pour nous en tenir à notre pays, Jacques Bruand, commis ingénieur dans les Généralités de Rouen et de Caen, le 27 octobre 1708, était plus architecte qu'ingénieur. Jaloux de partager la gloire de son père, Libéral Bruand, il renonça bientôt à sa commission et retourna exercer l'architecture à Paris, laissant sa place au sieur d'Olives, qui fut nommé le 27 octobre 1711. Souvent, il faut en convenir, l'administration avait été heureuse dans ses choix, mais parfois aussi elle eut lieu de craindre de manquer de sujets : c'est ce qui la détermina à faire de la profession d'ingénieur une spécialité protégée par l'État, au risque de faire perdre à l'ingénieur ce sentiment artistique sans lequel on ne saurait concevoir l'architecture.

Après M. Martinet, démissionnaire en 1749, la

fonction d'ingénieur en chef de la Généralité fut successivement remplie par M. Baudouin, 1749-1752; par M. Dubois, plus tard inspecteur général des ponts-et-chaussées, 1752-1774; par Louis-Alexandre de Cessart, bien connu par ses travaux de Cherbourg, 1775-1781; par Lamandé, 1781-1790.

Vers le milieu du dernier siècle, le personnel des ponts-et-chaussées de la Généralité se composait d'un ingénieur et de quatre sous-inspecteurs. On ne tarda pas à l'augmenter, et l'on y adjoignit quelques élèves des ponts-et-chaussées. On comptait, en 1772, un ingénieur en chef, quatre inspecteurs et quatre sous-ingénieurs; en 1788, un ingénieur en chef, dix ingénieurs et un dessinateur. Le traitement de l'ingénieur en chef était de 2,500 livres; ceux des ingénieurs ordinaires variaient de 1,500 à 1,800 livres.

A ces traitements il convient d'ajouter les gratifications que, chaque année, le contrôleur général des finances accordait, sur les propositions du directeur général. Ces gratifications étaient habituellement, pour l'ingénieur en chef, de 1,500 livres sur les fonds des ponts-et-chaussées, de pareille somme sur les fonds des ports maritimes; de 300 à 500 livres pour les ingénieurs ordinaires.

En mars 1787, l'ingénieur en chef exposait à son administration l'impossibilité où les ingénieurs se trouvaient de faire leur service avec des traitements aussi modiques dans un pays où les vivres étaient excessivement chers. « Il y a, disait-il, environ quarante ans que les appointements des sous-ingénieurs sont fixés à 1,500 livres. Depuis cette époque, tout a augmenté de plus de moitié, et les appointements sont toujours les mêmes. »

Je me bornerai à citer, parmi les ingénieurs, Jacques-Elie Lamblardie, connu par d'importantes études sur le port du Havre, et qui devint, après la Révolution, directeur de l'Ecole centrale des Travaux publics ; parmi les élèves, le célèbre Monge, qui fut envoyé dans la Généralité de Rouen, au mois d'avril 1775, avec des appointements de 80 livres par mois.

Au point de vue administratif, ce personnel relevait des Intendants, qui furent tous, du moins dans cette Généralité, des hommes d'une remarquable capacité, d'une activité surprenante, hommes de progrès, et se rapprochant, autant que l'hostilité du Parlement le leur permettait, des systèmes de leur collègue Turgot.

Mais les agents principaux de l'administration des ponts-et-chaussées, ceux qui inspiraient, non seulement les Intendants, mais les ministres, ce furent les directeurs généraux : Daniel-Charles Trudaine, 1744-1769 ; son fils Jean-Charles-Philibert Trudaine de Montigny, 1769-1777 ; le président de Cotte, 1778-1780 ; Chaumont de la Millière, 1782-1790.

Leurs plans étaient immenses ; malheureusement, les ressources qu'on mettait à leur disposition étaient bornées. Il faut faire connaître en quoi elles consistaient.

Chaque année, la Généralité de Rouen voyait inscrire au brevet de la taille, sous le titre de *Rétablissement des ponts et chaussées des vingt pays d'Élection*, une somme relativement assez considérable, dont une partie seulement lui revenait, comme secours et fonds du roi, pour les travaux entrepris dans les limites de son territoire. De tout temps, tel avait été le sort de notre province, riche entre toutes par son travail, son épargne et la fécondité de son sol. Elle prêtait plus qu'elle ne recevait, contrairement à ce qui avait lieu pour d'autres provinces, moins favorisées par la nature. On lui rend 37,000 livres pour 186,081 livres en 1731 ; 80,000 livres pour 178,036 livres en 1740 ; même somme pour 197,962 livres, en 1760 ; 96,000 livres pour 210,390 livres en 1773. Ces secours, qui s'éloignent tant de sa part contributive, ne sont que de 29,431 en 1780 ; que de 63,341 en 1781 ; mais ils s'élèvent à 123,000 livres en 1782, à 181,000 livres en 1783, à 215,000 livres en 1786. Ils sont de 201,970 livres en 1788.

Même en y joignant les fonds des ateliers de charité, qui furent créés dans la seconde moitié du dernier siècle, c'eût été beaucoup moins qu'il n'eût fallu pour les travaux les plus urgents, et le progrès des grandes routes serait absolument inexplicable, avec de pareilles ressources, si nous n'avions présentes à l'esprit la manière dont on entendait l'expropriation pour cause d'utilité publique et cette contribution en nature et purement gratuite que l'on désignait sous le nom de corvée.

On ne paya d'abord aucune indemnité aux propriétaires dont on prenait les terres pour l'élargissement et pour la confection des routes. Plus tard, on n'en accorda que pour les maisons, les prairies et les bois expropriés.

Mais peu à peu, afin d'éviter des réclamations alarmantes, à force d'être nombreuses, et, du reste, si bien fondées en justice, on s'habitua, dans la Généralité de Rouen, à indemniser les propriétaires des terres labourables. Ces indemnités étaient fixées par l'Intendant, sur les rapports des ingénieurs, et acquittés sur les fonds des ponts-et-chaussées ; mais, comme ces fonds ne suffisaient pas à leur objet, les indemnités ne se payaient que fort mal, par à-compte, et après des délais de dix, de vingt ans, pour plusieurs propriétaires.

Les représentations faites à ce sujet déterminèrent le Conseil à ordonner que, pour subvenir au paiement des terrains et des maisons expropriés en la Généralité de Rouen, il serait imposé, pour l'année 1773, une somme de 80,000 livres, que l'on comprendrait dans le brevet des impositions accessoires de la taille, et qui serait répartie sur les taillables, au marc la livre de ces impositions.

Mais il fut représenté que les taillables, déjà chargés de la confection des routes et de leur entretien, obligés de faire ces travaux par corvées de bras et de voitures, ne devaient pas supporter seuls le poids de cette imposition ; que le moyen d'en rendre la répartition plus équitable était de la faire retomber sur les possédans fonds qui retiraient la principale utilité de la confection des routes. Ce fut d'après ces considérations que le roi se détermina à faire retrancher cette imposition du second brevet de la taille de l'année 1774 et à en ordonner, par arrêt du Conseil, la répartition, pendant trois ans, sur tous les possédans fonds privilégiés et non privilégiés. L'arrêt fut enregistré sans difficulté, au

Conseil supérieur de Rouen, le 8 juillet 1773. Mais, bien que cette imposition fût fondée sur des principes de justice et d'égalité, elle excita les plus vives réclamations, et le recouvrement ne put s'en faire qu'avec une extrême difficulté. Ce fut bien pis quand le Parlement eut été rétabli : on ne put obtenir son silence qu'en faisant valoir le peu de durée de l'imposition et le faible intérêt qu'il y avait à entrer, sur ce point, en lutte ouverte avec l'autorité royale. A l'expiration des trois ans, le Conseil d'Etat, bien informé par l'Intendant des dispositions du Parlement, n'osa parler d'une prolongation qui n'eût pas été enregistrée. Le fonds des indemnités retomba en entier sur les taillables, et cependant, par un égarement singulier de l'opinion publique, le Parlement, défenseur des privilégiés, conserva sa popularité, et le Conseil supérieur fut décrié. Le président de ce Conseil, M. de Crosne, Intendant, fit du moins ce qu'il put dans l'intérêt du peuple : il trouva le moyen, par des économies sur les fonds de casernement, d'abaisser à 40,000 livres le chiffre afférent aux indemnités dans le brevet de la taille ; il fit maintenir le principe de ces indemnités qu'un moment Necker, à ce qu'il semble, eut l'intention de sacrifier. « Je crois, monsieur, lui écrivait-il, qu'il faut tout payer, même les plus médiocres objets, parce qu'ils appartiennent à de petits propriétaires dont ils forment quelquefois toute la fortune. Il y auroit moins d'inconvénient à prendre de grandes parties de terrains au propriétaire riche, qui n'a point de besoin, sans le payer, que d'enlever au pauvre le seul morceau de terre, qui est toute sa ressource, sans l'indemniser. Les communications, qui augmentent le revenu des terres, et qui forment elles-mêmes, par cette raison, une indemnité pour les riches, ne profitent en rien au pauvre, qui a perdu le tout ou la plus grande partie de son terrain ; et c'est un motif de plus de le faire participer à l'indemnité. On ne peut pas, non plus, se dispenser de payer les riches propriétaires. Autrement, il faudroit entrer, relativement à chaque propriété, dans des discussions qui ne sont véritablement pas possibles en administration. »

L'Intendant gagna sa cause. Que répondre de sensé à des observations si justes ? Mais n'est-il pas singulier qu'il y ait eu opportunité de les présenter au plus haut fonctionnaire de l'Etat ?

La corvée, telle qu'on la pratiqua pendant plusieurs années, ne répugne pas moins à nos mœurs actuelles que la manière dont on entendait l'expropriation.

La Fontaine, dans une fable que nous connaissons tous, nous montre un pauvre bûcheron auquel « la taille et la corvée font d'un malheureux la peinture achevée, » et qui, dans un moment de désespoir, supplie la mort de l'en délivrer.

La taille et la corvée étaient encore, au xviiie siècle, le principal sujet des plaintes des habitants des campagnes ; la corvée surtout, qui, de charge féodale à laquelle on pouvait espérer se soustraire, était devenue, depuis 1737, un droit régalien, rigoureusement, régulièrement exigé par l'Etat, et que l'on voyait se généraliser à mesure que s'étendait le réseau des grandes voies publiques. C'est bien à tort que Necker, ému des réclamations auxquelles elle donnait lieu, essaie de l'expliquer, sinon de la justifier, par un usage constant, immémorial, du royaume. Il n'y avait pas plus de comparaison à établir entre la corvée, connue et pratiquée avant Louis XV, et celle que l'on imposa depuis, qu'il n'y en avait entre ces chemins bourbeux, étroits, du moyen-âge, que parcouraient le cheval du voyageur et la grossière charrette du paysan, et ces voies larges et roulantes, du XVIIIe siècle, que sillonnaient d'élégants attelages et des postes rapides.

Faiblement défendue par Duclos, qui ne plaidait, du reste, en sa faveur, que les circonstances atténuantes, la corvée fut attaquée avec une extrême violence par le marquis de Mirabeau, l'auteur de l'*Ami des Hommes*, dans sa *Réponse à l'Essai sur les ponts-et-chaussées et la voirie;* elle le fut aussi par Voltaire, dans ses lettres, et par Baudeau dans ses *Éphémérides du citoyen.* Pour le premier, c'est l'abomination de la désolation des campagnes. Pour le second, c'est un *horrible esclavage;* les laboureurs *soupiraient* après sa suppression comme les *forçats après la liberté.*

Les Intendants et leurs subdélégués, chargés de l'appliquer et de prescrire les tâches, ne le font qu'en gémissant; les cavaliers de la maréchaussée, requis pour prêter main-forte aux ingénieurs contre les paysans mutinés ou réfractaires, ne pénètrent qu'à contre-cœur dans les chaumières de ces malheureux; ils se refusent, malgré des habitudes d'obéissance passive, à exécuter des ordres trop rigoureux contre lesquels l'humanité réclame. Il faut employer, pour vaincre leur dégoût, tantôt les menaces, tantôt l'appât des gratifications. Les Parlements ne voient, en général, dans cette prestation en nature, qu'un abus de l'autorité administrative. Ceux-là mêmes, dont la fortune s'accroît par l'ouverture des routes, n'osent pourtant préconiser le système par lequel on parvient à les établir. Le 8 janvier 1771, un riche propriétaire, le président de Crosville, écrivait de Roquefort, à l'Intendant : « Les chemins, quoique fort utiles pour le commerce, et pour vous et pour moi, lorsque nous voyageons, sont terribles à faire à corvée par un nombre d'ouvriers qui n'ont que leurs bras pour vivre, qui sont depuis plusieurs années dans la plus grande misère; par des malheureux qui, ne profitant pas de l'avantage des beaux chemins, n'ont que le mal d'y travailler gratis et y perdent souvent des terrains qui aideraient à leur subsistance. Si le ministère, messieurs les Intendants, et vous, monsieur, en particulier, voiez l'intérieur des maisons de ceux qui sont obligés de faire ces travaux, il y en aurait bien d'exempts ! »

Que de lettres ne pourrais-je pas rapporter où le même sentiment est exprimé !

Le mal on le connaissait : tout le monde était d'accord pour s'apitoyer sur le sort des corvoyeurs. Mais comment y remédier ? Personne n'eût osé réclamer contre la continuation des grandes routes. L'intérêt public en commandait l'achèvement. De quelle manière y parvenir ? Emploierait-on 100,000 hommes de troupes aux travaux publics ? Quelques économistes avaient proposé cet expédient, mais il avait fallu reconnaître que 100,000 hommes n'auraient pas suffi; que ce service d'un nouveau genre répugnait extrêmement à l'armée, et que les soldats, habitués à obéir à leurs officiers, obéiraient difficilement à des ingénieurs et à des conducteurs. Augmenterait-on les tailles dans la proportion des besoins de l'administration des ponts-et-chaussées? Mais déjà les tailles étaient si élevées! Ce surcroît, ajouté tout d'un coup aux charges des taillables, ne paraîtrait-il pas aussi insupportable que la corvée dont on les aurait déchargés? Une autre solution s'offrait naturellement à l'esprit. C'était de faire, pour le rachat des corvées, une imposition particulière, laquelle pèserait sur tous les propriétaires dans la proportion de leur fortune. Mais le clergé contribuait déjà aux charges publiques par les décimes, la noblesse, par la capitation; on venait d'y ajouter les vingtièmes. Quelques pas de plus dans cette voie, que fût-il resté des priviléges qui étaient comme consacrés par la constitution même de l'Etat?

Ce fut pourtant cette dernière solution que proposa Turgot. Louis XVI l'adopta : il l'imposa aux cours souveraines de Paris dans un lit de justice. Beaucoup applaudirent à cet acte de vigueur, qui fut bientôt suivi d'un acte de faiblesse, parce que la cour crut reconnaître, dans l'opposition de la haute magistrature, des signes non équivoques d'une révolution prochaine. Mais la corvée resta marquée jusqu'à la fin de cette flétrissure que le roi lui avait imprimée lui-même dans le préambule du célèbre arrêt de février 1776, et l'on n'oublia pas ces paroles : « Prendre le temps du laboureur, même en le payant, serait l'équivalent d'un impôt. Prendre son temps sans le payer est un double impôt. Et cet impôt est hors de toute proportion, lorsqu'il tombe sur le simple journalier qui n'a pour subsister que le travail de ses bras. »

Bien des auteurs ont parlé de la corvée et se sont appliqués à en signaler l'injustice et les abus; mais presque aucun n'en a parlé sans exagération.

On s'en fera, je pense, une idée plus juste, par quelques renseignements précis que me fournissent les documents les moins suspects, les archives de l'Intendance et les pièces de comptabilité des ponts-et-chaussées.

On choisissait, pour la corvée, la saison de l'année que l'on jugeait la plus favorable pour la confection des routes ; or, cette saison était aussi celle où le cultivateur avait le plus besoin de rester chez lui. Il y eut des provinces où l'on exigea des corvoyeurs jusqu'à douze journées de travail. Mais ordinairement, dans la Généralité de Rouen, on se contenta de six jours de travail. Il y eut des années où le nombre fut réduit à trois. Il y en eut même où la corvée fut entièrement supprimée, par égard à la misère des paysans.

Les ateliers étaient parfois éloignés de plusieurs lieues de la résidence des corvoyeurs. Une fois, je vois des cultivateurs, requis pour des corvées, qui ne les obligeaient pas à moins de treize lieues de trajet par jour, aller et retour. Il est vrai que, sur leurs réclamations, l'Intendant leur assigna un autre atelier.

On fit, au moyen de la corvée, cinq lieues et quart de

chaussées en 1768; sept lieues en 1771, neuf lieues en 1781.

La dépense de la corvée, pour la Généralité de Rouen, était évaluée, en 1775, à 443,912 livres; en 1777, à 525,990 livres; en 1781, à 543,344 livres; en 1786, à 633,283 livres; en 1787, à 672,651 livres.

Le nombre des communautés qui concouraient aux corvées alla toujours en augmentant, à mesure que les routes se prolongeaient et se multipliaient. Il était de 1,289 en 1775; de 1,796 en 1784; de 1,832 en 1786.

La corvée fut en 1777, dans la Généralité de Rouen, le travail gratuit de 37,000 journaliers, employés pendant sept jours, ou, si l'on aime mieux, 259,000 journées de manœuvre non rétribuées, sans compter 22,000 chevaux employés également, sans rétribution pour leurs propriétaires, pendant sept jours.

Elle équivalait, estimée en argent, au quart du principal de la taille ou au huitième et neuvième de la taille, si l'on y joint les accessoires et la capitation.

Ces chiffres ont leur éloquence. Ils démontrent, mieux que tout ce qu'on pourrait dire, combien la charge était lourde, et aussi combien il devait être difficile de lui trouver un équivalent.

Il faut rendre aux Intendants cette justice, qu'ils firent tout ce qui dépendait d'eux pour en adoucir la rigueur. Bien des fois, ils exposèrent au Ministre la misère des contribuables et méritèrent les reproches des directeurs généraux des ponts-et-chaussées, trop jaloux, par vanité de métier, de voir avancer les travaux. En 1755, M. de Trudaine se plaint de ce que les corvées sont conduites avec trop de mollesse. M. de Brou lui répond que, « jusqu'à présent, la province a été accoutumée à un gouvernement fort doux, et qu'il croirait mal s'acquitter de son devoir et commettre une imprudence que d'exiger trop du peuple. » Dans une autre lettre, il déclare à M. de Silhouette que, « par rapport aux corvées, il s'est persuadé que plus on peut affaiblir l'aversion des peuples pour elles, par les ménagements qu'on y apporte, et plus on doit se flatter d'en retirer une véritable utilité, parce que les tâches plus faibles sont toujours remplies avec bien plus d'exactitude. Lorsqu'au contraire, ajoute-t-il, on exige du peuple du travail au-dessus de ses forces, la misère et le mécontentement rendent la désobéissance si générale que la multiplicité des défaillans oblige enfin à l'impunité. » Le roi fit droit à ces observations : il trouva bon que les corvées fussent réduites à six jours et même à moins, quand la misère des peuples l'exigerait.

Dans une lettre du 24 janvier 1760, le successeur de M. de Brou se rendait le témoignage que jamais les corvées n'avaient excité de plaintes fondées dans sa Généralité, et que même on voulait bien lui savoir quelque gré de l'ordre et de la modération qu'il avait toujours cherché à y apporter.

Grâce aux efforts des Intendants, on arriva, non sans peine, à faire accepter, par presque toutes les communautés, la substitution à la corvée en nature de la corvée en argent. La première pesait sur l'artisan, sur le manœuvre, comme sur le fermier aisé, sur le gros cultivateur ; la seconde se faisait par adjudication dont le prix, était réparti, au marc la livre de la taille, sur les contribuables de chaque paroisse ; elle n'atteignait point la classe pauvre ou celle qui vivait de son travail. Il y avait, à cet égard, dans chaque paroisse ou communauté, deux intérêts en présence : celui des propriétaires, qui dominaient dans les assemblées, par leur instruction, par le nombre de leurs domestiques ou de leurs employés, et celui des artisans, que les Intendants faisaient soutenir sous main par leurs subdélégués et par les syndics. Dans les premiers temps, les artisans furent absolument sacrifiés ; mais, peu à peu, la justice et l'humanité l'emportèrent. En 1775, sur 1,289 communautés qui concoururent à l'exécution des travaux, 937 les faisaient déjà faire par adjudication ; 352 préféraient la corvée en nature ; en 1782, sur 1,763 communautés, 181 préfèrent encore la corvée en nature. En 1786, sur 1,832 communautés, on n'en compte plus que 70 qui s'entêtent encore à conserver l'ancien système.

On était donc, sans secousse, arrivé à cette transformation que Turgot s'applaudissait d'avoir in roduite dans la Généralité de Limoges, quand il en était Intendant. Lorsque, par sa Déclaration du 27 juin 1787, Louis XVI, s'inspirant, comme il le disait, du vœu général de la Nation, abolit, dans toute la France, la corvée en nature et lui substitua une simple prestation pécuniaire, il ne fit que consacrer, par un acte législatif, ce qui, de fait, existait déjà dans la Généralité de Rouen.

Cette Déclaration, remarquons-le, était moins libérale que ne l'était l'édit de 1776. La corvée était convertie en contribution pécuniaire, mais cette contribution était répartie sur les taillables ; elle épargnait les privilégiés. C'était moins que. ne réclamait l'opinion publique, sur laquelle les Parlements n'avaient plus d'action. Aussi, dès le 7 décembre 1787, l'Assemblée provinciale de la Haute-Normandie, bien que composée de députés des trois ordres, prenait-elle un arrêté pour faire contribuer la noblesse et le clergé au rachat des corvées ; elle ne voulait admettre d'exception que pour ceux qui, dans ces deux corps, avaient moins de 1,200 livres de revenu, exception qu'elle prétendait justifier par cette considération qu'il ne peut y avoir de sujet à l'impôt, dans les facultés du citoyen, que ce qui excède les besoins de première nécessité.

Necker craignit le sort de Turgot. Il n'entendait pas aller si loin. Il blâma les mesures de l'Assemblée provinciale comme contraires aux principes subsistants, bien que conformes à la justice. Il lui semblait qu'il était imprudent d'ajouter, sans nécessité, aux embarras que les circonstances faisaient naître, lorsque tout faisait présumer qu'un nouvel ordre de choses ne tarderait pas à faire disparaître ce que celui qui existait encore pouvait avoir de contraire aux principes de la justice distributive.

Ses prévisions étaient fondées. Le nouvel ordre de choses apparut bientôt. Il ne fut plus question des corvées ; mais, aussi, il ne fut plus question de Necker ni d'Assemblées provinciales.

En réfléchissant à ce travail considérable des routes, qui fut accompli dans le cours du xviiie siècle, et qui contribua si puissamment à la prépondérance de la capitale, à la centralisation, à la propagation des idées de réforme, on ne peut se défendre de quelques réflexions assez tristes.

Les agents de cette vaste entreprise n'en avaient retiré ni gloire ni profit. Ils eurent pour récompense de faibles traitements, à peine suffisants aux besoins de la vie; ils ne reçurent aucun témoignage de la reconnaissance publique. Demandez leurs noms : ils sont inconnus!

Il en fut de même, à peu près, des Intendants. Si quelques-uns se distinguèrent de la foule, ils ont payé cher leur célébrité passagère. Deux de ceux qui eurent l'honneur d'administrer la Généralité de Rouen, ont porté leur tête sur l'échafaud, en 1793, ainsi que les petits-fils de Trudaine, et leur ami, André Chénier.

Le Gouvernement, qui pressait l'exécution des routes, qui poussait le peuple à l'ouvrage, ne semblait le faire qu'à regret, et en menaçant, quand s'offrait une occasion propice, les privilégiés dont l'opposition le contraignait à l'emploi d'expédients vexatoires. On eût dit qu'une force supérieure l'entraînait, malgré lui, sur une pente qui aboutissait à un effroyable précipice.

Quant au peuple, comme le fait observer très justement M. de Tocqueville, « les progrès de la société, qui enrichissaient toutes les autres classes, le désespéraient : la civilisation avait tourné contre lui. »

Vous vivez, Monsieur, dans un temps qui vous est, sans contredit, infiniment plus favorable. Les dépenses des ponts-et-chaussées n'ont, sans doute, pas diminué; elles se sont, au contraire, notablement accrues, et il est à prévoir qu'on ne songera pas à les réduire ; mais elles semblent moins lourdes qu'autrefois, parce que chacun les supporte dans les proportions de sa fortune, et que nous n'avons plus de privilèges qui prêtent à des comparaisons irritantes. Leur utilité est universellement reconnue. On s'applaudit, on s'enorgueillit même de ces grands travaux, qui répondent si bien à toutes nos idées de puissance, de prospérité et de bien-être, et qui forment comme un titre d'honneur national. La corvée existe encore, bien qu'elle ait perdu ce nom odieux ; mais elle ne donne plus lieu à des attaques furibondes ; on la tolère sans trop se plaindre, parce qu'elle est appliquée à des travaux dont l'utilité est devenue sensible aux cultivateurs de qui on l'exige. Plus que jamais, la profession des ingénieurs est honorée, et il n'est personne qui ignore tout ce qu'il faut d'études, de savoir et d'habileté pour être admis à la faveur de l'exercer.

A une époque où cette profession comptait encore pour si peu, comparée aux innombrables charges judiciaires, que ces Annuaires, connus sous le nom de *Tableaux de Rouen*, n'en faisaient pas même mention, notre Compagnie, par un jugement plus juste que n'était celui du vulgaire, s'applaudissait déjà de compter, parmi ses membres les plus distingués, des ingénieurs tels que de Cessart, Lamandé, Lamblardie et Forfait. Elle revoit encore leurs noms avec quelque fierté sur ses listes, où ils précèdent les noms d'autres ingénieurs qui ont aussi contribué pour une large part à la considération dont elle jouit, mais qu'il n'est pas besoin de rappeler, parce qu'ils sont présents à la mémoire de tous. Permettez-moi, Monsieur, de vous le dire en finissant, nous avons été heureux d'y inscrire aussi votre nom, bien convaincus que votre collaboration ne nous sera ni moins avantageuse ni moins honorable que nous l'a été celle de vos prédécesseurs.

Rouen. -- Imprimerie de Espérance Cagniard.